笔尖上的中国 · 名胜古迹绘本

U0166275

来呀，
赏中国风光

李硕 编著

浙江摄影出版社

全国百佳图书出版单位

责任编辑　陈　一
责任校对　王君美
责任印制　汪立峰

项目设计　北视国

图书在版编目（ＣＩＰ）数据

来呀，赏中国风光 / 李硕编著 . -- 杭州 ：浙江摄
影出版社，2022.9
　（笔尖上的中国 ：名胜古迹绘本）
　ISBN 978-7-5514-4068-4

　Ⅰ．①来… Ⅱ．①李… Ⅲ．①自然地理－介绍－中国
－儿童读物 Ⅳ．① P942-49

中国版本图书馆 CIP 数据核字（2022）第 151012 号

LAI YA SHANG ZHONGGUO FENGGUANG

来呀，赏中国风光
（笔尖上的中国·名胜古迹绘本）

李硕　编著

全国百佳图书出版单位
浙江摄影出版社出版发行
　　　地址：杭州市体育场路 347 号
　　　邮编：310006
　　　电话：0571-85151082
　　　网址：www.photo.zjcb.com
制版：北京北视国文化传媒有限公司
印刷：天津联城印刷有限公司
开本：889mm×1194mm　1/16
印张：2
2022 年 9 月第 1 版　　2022 年 9 月第 1 次印刷
ISBN 978-7-5514-4068-4
定价：39.80 元

中国地大物博，人杰地灵，风景如画，有着各种各样的自然风光，真令人目不暇接！

让我们翻开书本，一起来欣赏祖国的大好河山吧！

新疆天山

　　天山是世界七大山系之一，天山山脉巍峨而连绵，它全长约 2500 千米，东西横跨了中国、哈萨克斯坦和吉尔吉斯斯坦。中国境内的天山山脉是两大盆地的分界线：南面是塔里木盆地，北面是准噶尔盆地。

天山天池

　　天山天池，古称"瑶池"，有着"天山明珠"的美誉。天池的湖水清澈透亮，恬静似镜，白天映着太阳，晚上盛着月光。在中国神话传说中，这里是西王母举行蟠桃会的仙境。

博格达峰

　　博格达峰是天山山脉东段的最高峰。它海拔约 5445 米，峰顶常年积雪，从千里之外就能望见它皑皑的银光。山峰上的浩瀚林海，与天山天池的潋滟波光相映成趣，美不胜收。1998 年 8 月 4 日，中国人第一次登顶博格达峰。

小贴士

　　相传，在 3000 多年前，西周天子周穆王不远万里，去西方游历，在天山瑶池与西王母相遇。当二人分别时，周穆王向西王母许下约定，3 年之后自己一定会回来看望她。但遗憾的是，周穆王最终没能实现自己的诺言，他再也没有回到这里。

3

青海可可西里

可可西里这片净土藏于青藏高原腹地，在蒙古语中，它的名字意为"青色的山梁"。可可西里是一片人迹罕至的荒野之地，它广袤无垠，处处洋溢着野性和自由。

伟大的荒野

可可西里平均海拔在 4600 米以上，大部分地区海拔约 5000 米，这里自然环境严酷，属于典型的高寒荒漠气候。可可西里自然保护区是中国面积最大的世界自然遗产地，也是中国的首个国家公园和海拔最高、面积最大的国家公园！

魂系可可西里

　　20世纪80年代，可可西里的藏羚羊正面临着灭顶之灾，猖獗的盗猎行为让它们的数量从20万只锐减到不足2万只。杰桑·索南达杰为了打击盗猎分子，保护这种可爱的生灵，带领队伍与不法分子展开了殊死搏斗，直到流尽最后一滴血，倒在了他挚爱的土地上。

野生动物的乐园

　　在可可西里，生活着很多种珍稀的、濒危的野生动物，比如藏羚、盘羊、野牦牛、藏野驴、金雕、雪豹、白唇鹿、猞猁、兔狲和黑颈鹤等国家一级保护动物和国家二级保护动物。

四川大熊猫栖息地和黄龙风景名胜区

四川大熊猫栖息地的总面积高达 9245 平方千米，包括卧龙、四姑娘山、夹金山脉等多个地区，全世界 30%以上的野生大熊猫都在这里优哉游哉地生活着。四川大熊猫栖息地不仅是世界上最大、最完整的大熊猫栖息地，也是小熊猫、雪豹、云豹等诸多濒危动物的美丽家园。

美丽的自然环境

四川大熊猫栖息地是世界上除热带雨林以外植物种类最丰富的区域之一，它不仅被全球环境保护组织确定为全球 200 个生态区之一，还作为世界自然遗产被列入《世界遗产名录》。

珍贵的"活化石"

我们都知道大熊猫是一种非常古老的动物，但你知道它究竟有多古老吗？在大约 800 万年前，大熊猫便已经生活在了地球上。如今，当初与它一起生活的绝大多数物种都已经消失不见，而大熊猫却依旧保持着原有的古老特征，继续繁衍生息着。

小贴士

历史悠久的"熊猫外交"

在大约 100 万年前，大熊猫的足迹曾遍布陕西、山西、北京、云南、四川、浙江、福建、台湾等地区。唐朝时，大熊猫就曾作为贵重的礼物被赠送给日本。中华人民共和国成立后，许多大熊猫作为"友好使者"去往了世界各地，为全世界人民带来了欢声笑语。2007 年 9 月，为了更好地保护这一物种，中国宣布将不再向外国政府赠送大熊猫。

黄龙风景名胜区位于四川省阿坝藏族羌族自治州境内，这里一处著名的景观是一条长约3.6千米的黄龙沟。黄龙沟内遍布碳酸钙沉积物，这使它看起来如同一条游走在原始森林中的金色巨龙，给景区笼罩上了一层奇幻的色彩。黄龙素来享有"世界奇观""人间瑶池"的美誉，来到这里的游客无一不赞叹大自然的鬼斧神工。

景色宜人

黄龙风景名胜区占地面积约为700平方千米，除蜿蜒而下的黄龙沟外，还拥有雪山、瀑布、原始森林、峡谷等丰富而美丽的自然景观。在这里，我们可以看到常绿阔叶林、针叶阔叶混交林、针叶林、高山灌丛草甸等多种多样的植被。

野生动物的乐园

在黄龙风景名胜区生活着很多种珍贵的野生动物，比如大熊猫、金丝猴、扭角羚、小熊猫、猞猁、云豹、兔狲、马鹿、林麝、斑羚、岩羊、藏雪鸡等。

兔狲

小熊猫

金丝猴

中国澄江化石地

澄江化石遗址位于云南省玉溪市澄江县的帽天山附近，是世界上保存极其完整的寒武纪早期海洋古生物化石群。在这里，至少有 16 个门类、200 余个物种的化石被很好地保留了下来。澄江化石遗址见证了 5.3 亿年前地球生命大爆发，为人类留下了一个世间罕见的化石宝库。

千千万万的化石

澄江化石地以化石的形式，记录了寒武纪时期地球海洋生态系统的形成过程。这些不可多得的化石都是活生生的证据，向我们展示了地球生物艰难的求生之路，也为古生物学这门科学打开了一扇重要的研究窗口。

重要的自然遗产

　　1984 年，我们第一次知道了澄江化石地的存在，这项考古发现立刻就震惊了世界，被世人誉为"20 世纪最惊人的古生物发现之一"。2012 年 7 月 1 日，云南澄江化石地申遗成功，这使中国拥有了第一个化石类世界遗产，它完美地填补了中国在化石类自然遗产领域的空白。

小贴士

复杂的化石研究

　　实际上，对于一些被我们找到的化石，我们现在能做的只有判断它是来自陆地还是海洋，而想要知道其他更多的信息就不太可能了。因为大多数的古老生物早已在历史的长河中失去了踪迹，在如今的生态圈中，我们甚至连它们的近亲都见不到了！

山东泰山

　　泰山，又称岱山、岱宗、岱岳、东岳、泰岳，为五岳之首。它位于山东省的中部，是中国重要的世界自然与文化遗产之一。自秦朝初始，到清朝末年，先后曾有13位帝王亲自登上泰山封禅或祭祀。泰山巍峨而秀丽，既有苍松、奇石和烟云，又有碑碣、石刻和庙宇，在古人眼里，只要登上它便可以前往世外仙境。在这里，你能看到无数绮丽的美景。

泰山石刻
　　这块石头上写着"五岳独尊"。

岱庙
　　它与北京故宫，曲阜孔庙、孔府及孔林，承德避暑山庄，并称中国四大古建筑群。

升仙坊
　　通往岱庙的道路上的一座两柱单门式石坊。

南天门
　　相传，天庭共有东、西、南、北四道天门，而南天门就是天庭的正门。

灵岩寺
　　自唐代起，这座寺院就与天台国清寺、南京栖霞寺、江陵玉泉寺并称海内四大名刹。

泰山日出

云海玉盘

晚霞夕照

黄海金带

泰山四大奇观

中国丹霞

　　这处世界自然遗产，包括了位于中国西南部的六个地区：湖南崀山、广东丹霞山、福建泰宁、贵州赤水、江西龙虎山、浙江江郎山。实际上，丹霞地貌在我国分布得十分广泛，它指的是由陆相为主的红色砂砾岩层构成的具有陡峭坡面的各种地貌形态。在这些地方，我们经常能见到雄伟的天然岩柱、岩塔、沟壑、峡谷和瀑布等。

"丹霞地貌"名称由来

　　在中国广东省韶关市仁化县境内，有一座由红色砂砾岩层构成的丹霞山，因为它有着极为典型的丹霞地貌特征，所以它便成了世界丹霞地貌的命名地。

你知道吗？

　　丹霞地貌主要发育于第三纪晚期的喜马拉雅造山运动。

"丹霞第一奇峰"

　　在浙江的江郎山上，有三块巨石拔地而起，直插云霄，它们分别叫作郎峰、亚峰、灵峰，俗称"三爿（pán）石"。江郎山因这三块气势磅礴、奇特梦幻的巨石，而被人们誉为中国的"丹霞第一奇峰"。

小贴士

千瀑之市：赤水

位于贵州省的赤水市素有"千瀑之市"的美名，尤其以壮观雄伟的赤水大瀑布而享誉海内外。十丈洞大瀑布是赤水大瀑布的一部分，它既是中国丹霞地貌上最大的瀑布，也是中国长江流域上最大的瀑布。相传，这条瀑布下的龙女潭囚禁着一位善良美丽的龙宫公主。

13

云南三江并流

　　"三江并流"中的"三江"指的是金沙江、澜沧江、怒江，在中国西南部的青藏高原之上，它们并肩奔腾在横断山脉的崇山峻岭间，以破竹之势形成了世间罕见的"江水并流而不交汇"的自然景观。三江并流景观跨越丽江、迪庆藏族自治州、怒江傈僳族自治州三个地界，是目前中国境内面积最大的世界自然遗产。

梅里雪山

风光无限好

　　三江并流景观内汇集了高山峡谷、雪峰冰川、高原湿地、森林草甸、淡水湖泊等诸多秀美的自然风光。不仅如此，这里还生活着多种多样的珍稀动植物，比如金丝猴、羚羊、雪豹、孟加拉虎、黑颈鹤、秃杉、桫椤、红豆杉等。

多彩的文化

　　这里不仅是人类的动植物基因宝库，也世代居住着很多少数民族同胞，比如藏族、傈僳族、怒族、独龙族、彝族、白族、普米族和纳西族等。你知道吗，其中有不少民族是这个地区独有的呢！

普米族

彝族

傈僳族

藏族

小贴士

神秘而特殊的茶马古道

　　来到这个地区，除了欣赏三条大江并肩而行，一定也会注意到关于茶马古道的话题。茶马古道曾是中国西南民族经济文化交流的重要走廊，在过去，无数支马帮载着茶叶从云南出发，一路历尽千辛万苦，来到西藏进行贸易活动。茶马古道并非特指某一条道路，历史上，勤劳的陕滇藏人民开辟出了三条道路，为我国古代西藏和其他地区建立起了必不可少的桥梁和纽带。

湖北神农架

　　神农架位于湖北省的西部，由神农顶、巴东，以及老君山等地区构成，它占地面积约为 3000 平方千米，拥有一大片茂密葱郁的原始森林。这里自然资源丰富，动植物种类繁多，是地球给予人类的重要宝藏。神农架一直笼罩着一层神秘的面纱，除了会出现神奇的白化动物，这里还流传着"野人"在山林中出没的传闻。

这里还有农田哦！
神农架中也种着一些农作物，比如玉米、小麦、水稻、大豆、地瓜、荞麦、小豆、豌豆、四季豆等。

大鲵螈

金钱豹

亚洲黑熊

金丝猴

白化的松鼠

小贴士

神农氏尝百草

　　传说，在很久很久之前，有一位勤劳睿智的部落首领名为神农氏，他为了让自己的族人能够有粮可吃，有病可治，便决心要尝遍大地上的所有花草。在经过了无数次的磨难后，神农氏终于实现了自己的愿望，他找到了能够食用的五谷和几百种可以治病的草药。

17

湖南武陵源

武陵源位于湖南省西北部，隶属张家界市，以"五绝"闻名遐迩，分别为奇峰、怪石、幽谷、秀水、溶洞。武陵源总面积约为360平方千米，由张家界国家森林公园、索溪峪和天子山自然保护区等组成，森林覆盖率高达85%！这里沟壑纵横，溪涧密布，森林茂密，居住着不计其数的可爱生灵。

珍贵的红豆杉

红豆杉是世界上公认濒临灭绝的天然珍稀植物，是第四纪冰川遗留下来的古老树种，在地球上已有250万年的历史。

绮丽的金鞭溪

金鞭溪全长约5000多米，途经金鞭岩、花果山、水帘洞、楠木坪等景点，溪水清澈干净，溪流蜿蜒曲折，著名文学家沈从文将它称作是"张家界的少女"。

古老的鹅掌楸

生活在这里的它，是中国特有的珍稀植物，也是著名的第三纪孑遗植物。

美不胜收的黄龙洞

　　黄龙洞是典型的喀斯特岩溶地貌。在这个奇幻的地下世界，我们能见到石钟乳、石笋、石柱、石花、石幔、石枝、石管、石珍珠、石珊瑚等各种自然景观。

奇石林立

　　武陵源中最独特的景观莫过于 3000 余座的砂岩柱和砂岩峰、40 多个石洞，以及 2 座天然形成的巨大石桥。

安徽黄山

　　"五岳归来不看山，黄山归来不看岳。"这句诗是对黄山最好的描写。自古以来，黄山便是天下文人墨客的"缪斯女神"，这里峰峦叠嶂、幽壑纵横、烟波浩渺，美在奇松、怪石、云海、温泉、冬雪，又与传说中的各路神仙有着不解之缘，自带浓重的奇幻色彩，世人皆称之为"天下第一奇山"！

冬雪和温泉

　　黄山夏无酷暑，冬少严寒，不论是冬天还是夏天，这里都很适合人们游览！

迎客松

三大主峰

　　黄山巍峨壮丽、气势磅礴，它的三大主峰名为"莲花""光明顶""天都"，海拔皆在1800米以上。

奇石

黄山的每座山峰上几乎都有着形形色色的怪石。

有趣的"梦笔生花"

小贴士

相传，在很久之前，华夏民族的始祖轩辕黄帝来到黄山，那时黄山还叫作黟山，只是一座荒无人烟的山川。在这里，轩辕黄帝学到了炼丹之法，并在修炼多日后得了道，成了仙，飞去了神秘的仙境。

南方喀斯特地貌

　　喀斯特地貌指的是可溶岩在天然水中经受化学溶蚀作用形成的具有独特的地貌和水系特征的自然景观。这可是一种相当漂亮的自然风光呢！在中国南部的很多地方，比如云南、贵州、重庆、广西等，喀斯特地貌都有着广泛的分布。总体而言，这些地方的喀斯特地貌具有分布面积大、地貌多样、生态环境极佳等特点。

云南昆明的石林

　　这片石林被称为"天下第一奇观"，在过去被联合国教科文组织评选为"世界地质公园""世界自然遗产风光"。

重庆武隆的天生桥

　　在地下河与溶洞的顶部崩塌后，它们横跨河谷两岸的顶板残留下来，并形成了拱桥似的景观，这便是天生桥。

贵州的万峰林

　　地处贵州省东南部的万峰林是中国面积最大、最典型的喀斯特峰林。这里最醒目的景观就是锥状喀斯特。

小贴士

地球的眼睛：天眼

　　1994年，南仁东先生在参观完美国的阿雷西博望远镜后，便萌生了在中国修建一座射电望远镜的想法。为了建造这座巨型望远镜，光是选址，南仁东先生就花费了整整12年的时间，最后他大胆地选择了贵州省拥有喀斯特地貌的洼地作为基地。2016年9月25日，"中国天眼"工程终于落成并启用。在阿雷西博射电望远镜不幸坍塌后，"天眼"也成了地球上为数不多的能够看向宇宙深处的"眼睛"。

四川九寨沟

　　九寨沟位于四川省阿坝藏族羌族自治州境内，它是一条长30多千米的美丽沟谷。因为在沟谷的周围分布着9个藏族寨子，所以这个地方被人们叫作九寨沟。九寨沟地僻人稀，覆盖着很大一片郁郁葱葱的原始森林，许多野生动植物从很久以前开始便定居在此。如果说人间真有"仙境"，那么九寨沟一定是其中之一！

五花海

诺日朗瀑布

扎如寺

24

动物的乐园

九寨沟的森林覆盖率超过 80%，这里生活着 74 种受国家保护的珍稀植物，18 种国家保护动物。

你知道吗？

世代生活在九寨沟中的 9 个藏族寨子，分别是树正寨、则查洼寨、黑角寨、荷叶寨、盘亚寨、亚拉寨、尖盘寨、热西寨、郭都寨，这些寨子又被合称为"和药九寨"。

小贴士

相传，在很久之前，山神达戈爱上了美丽的女神沃诺色嫫。为了向她表达爱意，达戈用风和云磨成了一面宝镜，想要作为礼物送给她。沃诺色嫫看到这面镜子，高兴得不得了，然而她却一不小心将它摔在了地上。这面镜子碎裂成了 114 块碎片，在九寨沟中幻化为 114 个美丽的湖泊。

江西三清山

三清山坐落于中国江西省玉山县与德兴市的交界处，挺拔的山峦上有绿林、湖泊、奇峰、怪石、喷泉和瀑布，犹如一片宁静的世外桃源，令人流连忘返。三清山的峰顶常年被沉沉的雾霭所缭绕，远远望去，我们依稀可见很多座气势恢宏的道教古建筑，它们与自然风光融为一体，为三清山增添了几分传奇的色彩。

玉京峰

它是三清山的最高峰，海拔大约为 1819 米，位于三清山的中心地带。

杜鹃花海

这里生长着各种各样的杜鹃花，比如猴头杜鹃、云锦杜鹃、红岩杜鹃、白花杜鹃、鹿角杜鹃等。每到春日来临，山中百花齐放，景色美不胜收。

有趣的石柱

在三清山上分布着 48 座壮观的花岗岩峰林，以及 89 根形态各异的花岗石柱。三清山上的这种独特的景观，被国外媒体评价为"中国最美的五大峰林"之一。

小贴士

坚硬的花岗岩

你知道吗，除了三清山，实际上还有很多名山都是由花岗岩构成的。花岗岩是一种十分常见的火成岩，它来自地下深处，因地壳活动而来到了地面。它质地坚硬，非常适合做建筑材料。